Agape Palilo

Otimização da tecnologia de drones para combater a ferrugem do milho

Agape Palilo

Otimização da tecnologia de drones para combater a ferrugem do milho

ScienciaScripts

Imprint

Any brand names and product names mentioned in this book are subject to trademark, brand or patent protection and are trademarks or registered trademarks of their respective holders. The use of brand names, product names, common names, trade names, product descriptions etc. even without a particular marking in this work is in no way to be construed to mean that such names may be regarded as unrestricted in respect of trademark and brand protection legislation and could thus be used by anyone.

Cover image: www.ingimage.com

This book is a translation from the original published under ISBN 978-620-2-06406-4.

Publisher:
Sciencia Scripts
is a trademark of
Dodo Books Indian Ocean Ltd. and OmniScriptum S.R.L publishing group

120 High Road, East Finchley, London, N2 9ED, United Kingdom
Str. Armeneasca 28/1, office 1, Chisinau MD-2012, Republic of Moldova, Europe
Printed at: see last page
ISBN: 978-620-7-80120-6

Copyright © Agape Palilo
Copyright © 2024 Dodo Books Indian Ocean Ltd. and OmniScriptum S.R.L publishing group

AGRADECIMENTOS

Antes de mais, gostaria de expressar a minha sincera gratidão aos meus amigos Peter Amon MAERERE e Hamis Daniel WAMBURA do Departamento de Produção Vegetal e Horticultura da SUA que, apesar de estarem exaustos com a sua dissertação, foram capazes de dedicar algum tempo para analisar o manuscrito e fornecer alguns comentários e críticas construtivas. Isto permitiu-me escrever o livro de uma forma muito mais profissional.

Gostaria de agradecer a todos os conselheiros, aos familiares dos investigadores e ao Departamento de Ciência do Solo e Geologia do SUA pelo seu apoio. O seu apoio permitiu-me realizar o trabalho corretamente e redigir o manuscrito com muito mais precisão.

Dedico este livro a todos os agricultores do mundo que trabalham incansavelmente no campo para garantir a segurança alimentar do planeta. Estou certo de que eles têm a maior paciência para seguir um caminho prudente, nomeadamente ... Sermos guerreiros na horta e não jardineiros numa guerra.

Prólogo

O aumento crescente e constante da população mundial conduziu a uma maior procura de alimentos em termos de quantidade, qualidade e valor nutricional, muito para além do que o mundo alguma vez produziu. Para satisfazer esta procura, a produção alimentar terá de aumentar em 70%, sendo que só nos países em desenvolvimento o investimento poderá aumentar até 50%. Isto representa um desafio para as práticas agrícolas e agronómicas convencionais, algumas das quais são incapazes de fazer face ao crescimento da população mundial e, consequentemente, do mercado global de produtos agrícolas. Estes desafios tornaram necessária a utilização de novas tecnologias, como a teledeteção (RS), no sector agrícola. A utilização da teledeteção é importante porque a agricultura de precisão requer muitos dados.

O objetivo do autor é promover a utilização da tecnologia de deteção remota (SR) e do sistema de informação geográfica (SIG) na agricultura e os seus benefícios para os agricultores, especialmente os africanos. A agricultura de precisão oferece uma vasta gama de benefícios aos seus utilizadores, desde os agricultores nos campos de produção até aos utilizadores finais. As pessoas que trabalham na agricultura têm de apresentar ideias inovadoras para otimizar as oportunidades no sector agrícola e tirar partido do novo Serviço Europeu Complementar de Navegação Geoestacionária (EGNOS) e do sistema europeu de satélites Galileo. Não é necessário ser um especialista em satélites para incorporar esta tecnologia na sua exploração agrícola, basta ter a informação correcta e as pessoas certas para fazer o trabalho. Este livro procura fornecer algumas dessas informações para sensibilizar agricultores, técnicos e académicos. A agricultura de precisão é imperativa porque garante a segurança alimentar, a rastreabilidade geográfica e práticas agronómicas sustentáveis.

As questões de gestão agrícola têm uma dimensão geográfica crucial. A tecnologia RS melhora o armazenamento e a gestão da informação geográfica para analisar padrões, relações e tendências e tomar decisões agronómicas informadas. A observação das cores das folhas ou do aspeto geral da cultura pode determinar o estado das plantas. As imagens de teledeteção captadas por drones, aviões e satélites podem ser utilizadas para avaliar as condições do campo sem ter de estar no local. Isto permite uma maior precisão e exatidão, abrindo caminho para uma agricultura dinâmica. Este livro aborda uma estratégia de cultivo altamente eficaz que permite aos agricultores controlar a doença da ferrugem do milho no campo, utilizando a tecnologia de RS e, em particular, o drone. Isto ajudará os pequenos agricultores a aumentar a sua produtividade, reduzindo simultaneamente os custos e minimizando o impacto no ambiente.

O autor espera que este livro sirva de guia para todos aqueles que desejam utilizar as tecnologias RS e SIG na agricultura, especialmente na agricultura do "gigante adormecido" de África.

Ágape PALILO

[st]21 de setembro de 2017

PREÂMBULO

O aumento da população mundial e as más práticas agrícolas que conduzem à degradação ambiental levaram à necessidade de novas tecnologias, como a deteção remota (RS) e os sistemas de informação geográfica (SIG) na agricultura. A utilização da teledeteção é importante porque a agricultura de precisão requer muitos dados.

As questões de gestão das terras têm uma dimensão geográfica crucial. A tecnologia de RS melhora o armazenamento e a gestão da informação geográfica para analisar padrões, relações e tendências para uma melhor tomada de decisões. A observação das cores das folhas ou do aspeto geral das plantas pode determinar o estado da cultura. As imagens de teledeteção captadas por drones, aviões e satélites permitem avaliar o estado dos campos sem lhes tocar fisicamente.

Isto permite uma maior precisão e exatidão, abrindo caminho para a agricultura de precisão. Este livro apresenta uma estratégia de cultivo altamente eficaz que permite ao agricultor controlar a doença da ferrugem do milho nos campos utilizando a tecnologia RS e, em particular, um drone. Isto ajudará os pequenos agricultores a aumentar a sua produtividade, reduzindo simultaneamente os custos e minimizando o impacto no ambiente.

Peter Amon Maerere (Bsc, MCS).

1.0 AGRICULTURA DE PRECISÃO

1.1 INTRODUÇÃO À AGRICULTURA DE PRECISÃO (A.P.)

A agricultura de precisão (AP), a agricultura por satélite ou a gestão de culturas específicas do local (SSCM) é um método de gestão agronómica que se centra na monitorização, medição e resposta à variabilidade inter e intra-campos das culturas. A variabilidade das culturas tem uma componente espacial e uma componente temporal, o que exige métodos estatísticos e computacionais. O principal objetivo da investigação em agricultura de precisão é definir um sistema de apoio à decisão (DSS) para a gestão agrícola que tome decisões agronómicas informadas com o objetivo de otimizar os rendimentos dos factores de produção utilizados, protegendo simultaneamente o ambiente de forma sustentável.

Já foram envidados alguns esforços positivos no sentido de alterar fundamentalmente a agricultura de precisão, mas há ainda muito a fazer para desenvolver uma tecnologia de agricultura de precisão verdadeiramente amiga do agricultor que possa ajudar todos os agricultores.

1.2 OS FUNDAMENTOS DA TECNOLOGIA DE AGRICULTURA DE PRECISÃO

A vantagem potencial da agricultura de precisão é a precisão e exatidão dos dados relativos ao solo e às culturas, o que permite ao agricultor planear melhor as suas actividades e os seus factores de produção, de modo a obter boas práticas agronómicas. Isto pode conduzir a uma melhoria global do desempenho agrícola, ou seja, à redução da utilização de energia, fertilizantes, sementes, etc., e essencialmente a uma melhoria do desempenho financeiro, ou seja, do rendimento específico, da margem bruta, etc. Em geral, a agricultura de precisão visa otimizar os métodos e práticas agronómicas em termos de

Crop Science, otimização dos métodos agronómicos mais estreitamente relacionados com os factores de produção, ou seja, sementes, fertilizantes e pesticidas.

Ciência dos solos, proteção do ambiente através da minimização dos riscos dos métodos de cultivo (por exemplo, limitação da lixiviação de azoto);

Aspectos económicos da agricultura: Aumento do rendimento por unidade de superfície, tornando as explorações agrícolas muito mais eficientes, o que permite uma melhor gestão dos factores de produção e, consequentemente, rendimentos mais elevados.

1.3 HISTÓRIA DA ENGENHARIA AGRÍCOLA DE PRECISÃO

O conceito de agricultura de precisão surgiu nos Estados Unidos no início da década de 1980. Em 1985, investigadores da Universidade do Minnesota conseguiram variar a utilização de cal nos campos. A prática da amostragem em grelha (utilização de uma grelha fixa com uma amostra por hectare) também surgiu nesta altura. No final dos anos 80, esta técnica foi utilizada para criar os primeiros mapas com recomendações de fertilizantes e correcções de pH. A utilização de sensores de rendimento com receptores GPS foi, desde então, integrada nos métodos agronómicos. Atualmente, vários milhões de hectares de terras agrícolas em todo o mundo são cartografados com esta tecnologia.

No Midwest dos EUA, está associada ao facto de os agricultores maximizarem os seus lucros e rendimentos por unidade de área, gastando dinheiro apenas nas áreas que necessitam de factores de produção. Esta prática permite que o agricultor varie a utilização de factores de produção em todo o terreno com base nas necessidades, conforme determinado por uma grelha ou amostragem de zonas baseada em GPS. Os factores de produção que, de outra forma, seriam aplicados em áreas onde não são necessários, podem ser aplicados em áreas onde são necessários, optimizando a sua utilização. Os países pioneiros desta tecnologia foram os Estados Unidos, o Canadá e a Austrália. Na Europa, o Reino Unido foi o primeiro país a introduzir a tecnologia de AP, seguido pela França por volta de 1997-1998. Na América Latina, a Argentina é o líder, onde foi introduzida em meados da década de 1990 com o apoio do Instituto Nacional de Tecnologia Agrícola. Em África, a tecnologia é amplamente utilizada nos países do Norte de África e na África do Sul.

1.4 IMPORTÂNCIA ECONÓMICA DA ENGENHARIA AGRÍCOLA DE PRECISÃO

As técnicas de agricultura de precisão podem reduzir significativamente a quantidade de factores de produção utilizados, reduzindo os custos e aumentando simultaneamente os rendimentos e, por conseguinte, as receitas. Os agricultores podem obter um rendimento razoável por unidade de superfície. A segunda preocupação é o impacto no ambiente: a utilização da quantidade certa de factores de produção no local certo e no momento certo reduz a poluição do ambiente e das águas subterrâneas, beneficiando assim as culturas, o solo e as águas subterrâneas. Consequentemente, a agricultura de precisão tornou-se uma pedra angular da agricultura sustentável, uma vez que protege as plantas, os solos, os agricultores e o ambiente em geral.

2.0 OPTIMIZAÇÃO DOS SISTEMAS DE INFORMAÇÃO GEOGRÁFICA E DA TECNOLOGIA DE TELEDETECÇÃO

2.1 OPTIMIZAÇÃO DA TECNOLOGIA DO SISTEMA DE INFORMAÇÃO GEOGRÁFICA (GIS)

Os sistemas de informação geográfica (SIG) compreendem uma série de processos que são efectuados sobre dados brutos para gerar informação que é utilizada para a tomada de decisões. Envolve uma cadeia de etapas que vão desde a observação e recolha de dados até à sua análise para atingir um objetivo específico. Um sistema de informação deve ter uma gama completa de funções para cumprir o seu objetivo, incluindo observação, medição, descrição, explicação, previsão e tomada de decisões.

Os sistemas de informação geográfica utilizam tanto dados de referência geográfica como dados não espaciais e incluem operações que apoiam a análise espacial para atingir um objetivo comum. Nos SIG, o objetivo comum é a tomada de decisões em matéria de gestão, utilização de recursos terrestres, transportes, comércio retalhista, oceanos ou outras entidades distribuídas espacialmente. No SIG, a ligação entre os elementos do sistema é a geografia, por exemplo, a localização, a proximidade e a distribuição espacial.

O sistema funciona com a ajuda de um sistema de navegação por satélite constituído por seis planos orbitais, cada um rodeado por quatro satélites em órbita no espaço. A navegação por satélite é um sistema de satélites que permite o posicionamento geoespacial autónomo com cobertura global (normalmente designado por Sistema Global de Navegação por Satélite, GNSS).

Permite que pequenos receptores electrónicos determinem a sua posição (em termos de longitude, latitude e altitude) com uma precisão de alguns metros, utilizando sinais horários transmitidos por rádio a partir de satélites ao longo de uma linha de visão. Os receptores calculam a hora exacta e a posição, que pode ser utilizada como referência para experiências científicas.

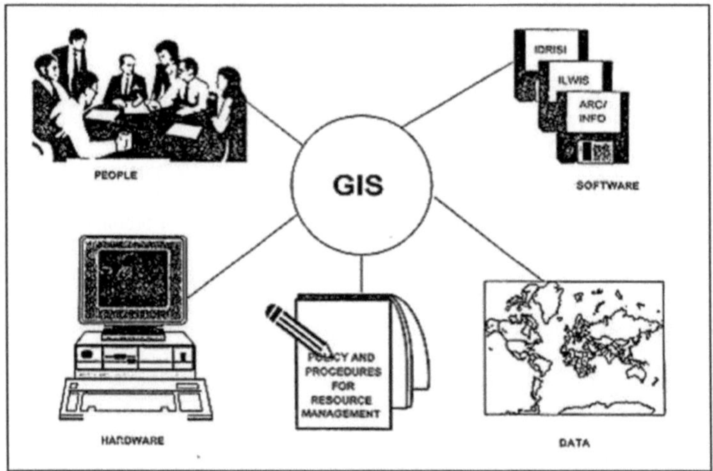

A figura 2.1 mostra uma série de processos do Sistema de Informação Geográfica (SIG).

2.1.1 SISTEMA MUNDIAL DE NAVEGAÇÃO POR SATÉLITE (GNSS)

Atualmente, existem dois sistemas GNSS plenamente funcionais em todo o mundo: o Sistema de Posicionamento Global (GPS) dos EUA e o GLONASS russo. O sistema de posicionamento europeu Galileo está atualmente a ser introduzido. A China está também a expandir o seu sistema de navegação regional (Beidui) para o sistema de navegação global Compass até 2020.

As principais vantagens da tecnologia de satélite na agricultura incluem a elevada precisão e a repetição da mesma operação ano após ano. Estas duas vantagens fundamentais conduzem a benefícios valiosos na agricultura, tais como menos desperdício devido à utilização excessiva de fertilizantes e herbicidas, redução do impacto ambiental, menor consumo de sementes, poupança de combustível e de tempo, redução da fadiga, maior vida útil do equipamento e otimização do rendimento das culturas.

2.1.2 SERVIÇO EUROPEU DE SOBREPOSIÇÃO DE NAVEGAÇÃO GEOESTACIONÁRIA (EGNOS)

O Serviço Europeu Complementar de Navegação Geoestacionária, que é essencialmente o sistema europeu de navegação por satélite "pré-Galileo", fornece serviços baseados nos sinais GPS e GLONASS, complementando-os para aumentar a exatidão. Isto permite uma precisão até ao metro e uma exatidão até 13-15 cm, abrindo caminho para a agricultura de precisão. Isto permitirá que o agricultor reconheça os problemas detectados remotamente no campo com um olhar atento.

Esta estratégia de cultivo altamente eficaz permite aos agricultores utilizar melhor os factores de produção, como as sementes e os fertilizantes, para aumentar a produtividade, reduzindo simultaneamente os custos e minimizando o impacto ambiental.

2.1.3 SISTEMA DE NAVEGAÇÃO POR SATÉLITE GALILEU

O Galileo é um sistema de satélites que está atualmente a ser criado pela UE e que pretende tornar-se o único GNSS europeu. Até agora, os utilizadores de GNSS na Europa não tinham outra opção senão utilizar os sinais dos satélites GPS americano e GLONASS russo. Os operadores militares destes sistemas não podem garantir a manutenção de um serviço ininterrupto. Esta situação levou à necessidade de um GNSS completo, de carácter civil e favorável à agricultura, pelo que os países europeus decidiram lançar o Galileo.

Entretanto, a localização por satélite já se tornou um instrumento normalizado e

indispensável para a navegação e aplicações conexas. medida que a navegação por satélite

se vai generalizando, as consequências das falhas de sinal estão a aumentar, pondo em

risco não só o funcionamento eficiente dos sistemas de transporte, mas também a

segurança das pessoas.

Uma vez que o Galileo é interoperável com o GPS, está destinado a tornar-se uma nova

pedra angular do GNSS. A partir de agora, este sistema global estará sob controlo civil.

Com o seu conjunto completo de satélites, mais do que os actuais sistemas GNSS, o

Galileo permitirá um posicionamento preciso mesmo em cidades de grande altura, onde

os edifícios obscurecem os sinais dos actuais satélites. O Galileu oferecerá também vários

melhoramentos de sinal que facilitarão o seguimento e a deteção do sinal e o tornarão

mais resistente a interferências e reflexões.

Ao colocar os satélites em órbitas com uma maior inclinação em relação ao plano
equatorial, o Galileu conseguirá também uma melhor cobertura em latitudes elevadas, o
que o torna particularmente adequado para funcionar no norte da Europa, uma área não
bem coberta pelos actuais sinais GPS.

2.1.4 EUROPEAN GEOSTATIONARY NAVIGATION OVERLAY SERVICE (EGNOS) - CONCEITOS PARA A AGRICULTURA DE PRECISÃO

Na agricultura de precisão, são utilizados sensores de navegação por satélite, imagens
aéreas e outras ferramentas para determinar a densidade de sementeira, a fertilização e
outros factores de produção ideais. Também se refere à utilização do GNSS para apoiar
a orientação de máquinas, a vedação virtual e a identificação de parcelas de terra. Estas
técnicas permitem aos agricultores poupar dinheiro, reduzir o seu impacto no ambiente e
aumentar a sua produtividade. O EGNOS pode fornecer uma solução de precisão
económica.

O EGNOS pode apoiar uma série de actividades agrícolas, incluindo a lavoura, a

sementeira e a pulverização a taxa variável, a tecnologia de taxa variável (VRT), a direção

do trator, o posicionamento individual do gado, a vedação virtual, a identificação das parcelas de terra e a rastreabilidade geográfica, a recolha pós-colheita, o acompanhamento do gado, o levantamento topográfico, a cartografia e a atualização dos limites dos campos.

2.1.5 AS VANTAGENS DO EGNOS NA AGRICULTURA

O Serviço Europeu Complementar de Navegação Geoestacionária permitirá aos agricultores poupar dinheiro, reduzir o impacto e a degradação ambiental e aumentar a produtividade, tornando a agricultura mais fácil e mais atractiva para os jovens. Outros benefícios do EGNOS incluem a melhoria da precisão, a prevenção do desperdício e da utilização excessiva de factores de produção, como fertilizantes e herbicidas, a poupança de tempo, a redução da fadiga, o aumento da vida útil do equipamento através da otimização da sua utilização, a rastreabilidade geográfica, a otimização do rendimento das culturas e o aumento das margens de lucro.

Os benefícios acima referidos ajudam os agricultores a analisar as imagens de teledeteção do campo, facilitando a resolução de problemas agrícolas como a seca, as pragas e as doenças. Quase todas as doenças que afectam os tecidos das plantas podem ser detectadas utilizando sensores aéreos. Neste livro, no entanto, é abordada em pormenor a doença generalizada da ferrugem do milho *(Puccinia sorghi), que constitui uma* grande ameaça para os pequenos agricultores em algumas partes de África.

2.2 OPTIMIZAÇÃO DA TECNOLOGIA DE TELEDETECÇÃO

A deteção remota consiste em observar coisas sem lhes tocar fisicamente. O processo é apoiado por sensores que são determinados de acordo com a tarefa específica que se destinam a cumprir.

Os sensores remotos podem ser passivos ou activos. Os sensores passivos reagem a estímulos externos, ou seja, detectam a radiação reflectida pela superfície terrestre, normalmente a do sol. Por este motivo, os sensores passivos só podem ser utilizados para registar dados à luz do dia.

Em contrapartida, os sensores activos utilizam estímulos internos para recolher dados sobre a Terra. Um sistema de deteção remota por feixe de laser, por exemplo, projecta um laser na superfície da Terra e mede o tempo que o laser demora a regressar ao seu sensor.

Dos dois tipos de sistemas de teledeteção, o mais utilizado na agricultura é um sistema passivo que utiliza sensores electromagnéticos para detetar a energia electromagnética reflectida pelas plantas. Os sensores podem ser instalados em satélites, aviões tripulados ou não tripulados ou diretamente no equipamento agrícola.

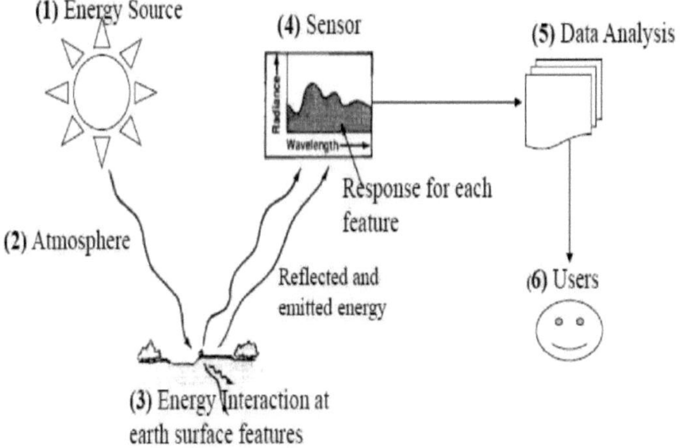

Figura 2.2 Fonte de energia e interação

A escolha de um sistema de deteção remota para uma determinada aplicação depende de vários factores. Estes incluem a resolução espacial, a resolução espetral, a resolução radiométrica e a resolução temporal.

A resolução espacial refere-se à dimensão mínima de um objeto que pode ser percebida numa imagem. Um pixel é a unidade básica de uma imagem. Uma resolução espacial de um metro significa que cada pixel representa uma área de um metro quadrado. Quanto mais pequena for a área representada por um pixel, maior será a resolução da imagem.

A resolução espetral refere-se ao número e à largura do comprimento de onda das bandas individuais (uma parte estreita do espetro eletromagnético). As imagens com uma resolução espetral mais elevada são mais adequadas para distinguir comprimentos de onda mais curtos.

As imagens das câmaras multiespectrais podem medir várias gamas de comprimentos de onda, por exemplo, verde visível ou NIR. As imagens hiperespectrais medem a energia em bandas mais estreitas e mais numerosas do que as imagens multiespectrais. As bandas estreitas das imagens hiperespectrais são mais sensíveis a variações nos comprimentos de onda da energia e, por conseguinte, têm um maior potencial para detetar o stress das plantas do que as imagens multiespectrais. As imagens multiespectrais e hiperespectrais são utilizadas em conjunto para fornecer uma imagem mais completa das condições das culturas.

A resolução radiométrica refere-se à sensibilidade de um sensor de deteção remota a flutuações na reflectância. Quanto mais elevada for a resolução radiométrica de um sensor remoto, mais sensível é a pequenas diferenças nos valores de reflectância. Com uma resolução radiométrica mais elevada, um sensor remoto pode fornecer uma imagem mais precisa de uma parte específica do espetro eletromagnético.

A resolução temporal refere-se à frequência com que uma plataforma de deteção remota pode cobrir uma área. Os satélites geoestacionários podem fornecer uma cobertura contínua, enquanto os satélites numa órbita normal só podem fornecer dados de cada vez que passam sobre uma área.

Os dados de deteção remota captados por câmaras montadas em aeronaves são frequentemente utilizados para fornecer dados para aplicações que requerem uma recolha mais frequente. A cobertura de nuvens pode afetar os dados de um sistema de deteção remota planeado. Os sensores remotos montados em campos ou equipamentos agrícolas podem fornecer os dados mais frequentes.

2.2.1 BREVE HISTÓRIA DA TECNOLOGIA DE TELEDETECÇÃO

A teledeteção desenvolveu-se durante a Primeira Guerra Mundial, quando a visão aérea era urgentemente necessária para fins de reconhecimento, ou seja, para localizar secretamente as posições do inimigo, obter informações sobre a quantidade de munições e, em geral, detetar os movimentos do inimigo. Após as guerras mundiais, a tecnologia de teledeteção centrou-se nas actividades civis, ou seja, na obtenção de informações sobre os recursos naturais para fins de desenvolvimento, planeamento e gestão.

A primeira fotografia aérea conhecida foi tirada em 1859 por Gaspard Felix Tournachon. Utilizou um balão de ar quente para tirar a fotografia sobre Bievre, em França. A fotografia com balões floresceu depois de as tropas da União terem tirado fotografias com balões durante a Guerra Civil Americana. Esta prática foi mais tarde interrompida porque os balões não podiam operar secretamente e atraíam fogo inimigo.

Em 1903, o Corpo de Pombos da Baviera tentou evitar as despesas e a imprevisibilidade dos balões e dos papagaios, ligando as câmaras aos pombos. As aves foram treinadas para voar em linha reta de volta ao pombal de origem. As câmaras tiravam fotografias a intervalos de trinta segundos. No entanto, muitos pombos foram abatidos a caminho de casa.

Figura 2.2.1a Pombo da Baviera com uma câmara de reconhecimento

Os aviões foram utilizados para a fotografia aérea pela primeira vez em 1908. Nos últimos anos da Primeira Guerra Mundial, a fotografia aérea tornou-se cada vez mais importante para fins de reconhecimento.

A Segunda Guerra Mundial marcou o início de uma nova era para a fotografia aérea. A fotografia de reconhecimento aéreo foi utilizada em grande escala. Durante este período, o desenvolvimento e a utilização de diferentes tipos de película também aumentaram. Foram desenvolvidas películas sensíveis aos infravermelhos.

Figura 2.2.1b Fotografias aéreas para fins de reconhecimento

Na década de 1960, os EUA começaram a recolher imagens de satélites para fins de reconhecimento e informação. Fotografias aéreas de Cuba levaram os EUA e a União Soviética à Crise dos Mísseis de Cuba em 1961. Com cada lançamento de satélite, a tecnologia e a qualidade das imagens de satélite melhoraram.

Em 1972, a NASA lançou o primeiro Satélite Tecnológico de Recursos Terrestres (ERTS-1), que mais tarde ficou conhecido como Landsat. Mais tarde, foram lançados outros satélites Landsat. Atualmente, muitos satélites de deteção remota estão em funcionamento sobre a Terra e fornecem dados extensivos sobre a composição do nosso planeta.

2.2.2 MARCOS NA HISTÓRIA DA TECNOLOGIA DE TELEDETECÇÃO

1800 A descoberta do infravermelho por Sir William Herschel

1839 Início da prática da fotografia

1847 A.H.L. Fizeau e J.B.L. Foucault demonstram que o espetro infravermelho tem as mesmas propriedades da luz visível

1850-1860 Fotografias aéreas de balões

1873 Desenvolvimento da teoria da energia electromagnética por James Clerk Maxwell

1909 Fotografias aéreas de aviões

1910-1920 Reconhecimento aéreo durante a Primeira Guerra Mundial

1920-1930 O desenvolvimento e as primeiras aplicações da fotografia aérea e da fotogrametria

1930-40 Desenvolvimento da tecnologia de radar na Alemanha, nos Estados Unidos e no Reino Unido

1940-1950 Segunda Guerra Mundial: utilização das partes não visíveis do espetro eletromagnético; formação de pessoal para o registo e análise de fotografias aéreas

1950-1960 Investigação e desenvolvimento militar

1956 Investigação de Coldwell sobre a deteção de doenças das plantas utilizando fotografia de infravermelhos 1960-1970 Primeira utilização do termo "deteção remota"

1972 Lançamento do Landsat 1 1970-1980 Progressos rápidos no processamento digital
de imagens
1980-1990 Landsat 4: Nova geração de sensores Landsat
1986 SPOT-Satélite francês de observação da Terra
Década de 1980 Desenvolvimento de sensores hiperespectrais
24 de março de 1998 Lançamento do SPOT4 Vegetation
dezembro de 1999 Introdução do sensor VHR

2.2.3 AQUISIÇÃO DE IMAGENS DE TELEDETECÇÃO

As câmaras de infravermelhos e de cor podem ser utilizadas para monitorizar as culturas,
a fim de detetar o surto da doença através das alterações de cor das plantas. A informação
proveniente da teledeteção serve de base aos mapas de controlo da ferrugem. A energia
da luz solar é reflectida pelas folhas e reconhecida pelo olho humano como a cor verde
das plantas. Uma planta parece verde porque a clorofila nas folhas absorve a maior parte
da energia na gama de comprimentos de onda visíveis e a cor verde é reflectida. A luz
solar que não é reflectida ou absorvida é transmitida através das folhas para o solo. As
interacções entre a energia reflectida, absorvida e transmitida podem ser determinadas
por deteção remota.

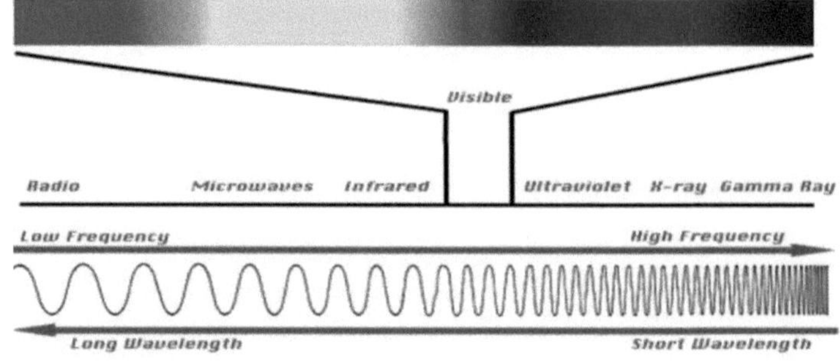

Figura 2.2.3 O espetro visível numa região do espetro eletromagnético

2.2.4 A TAREFA DA TECNOLOGIA DE VIGILÂNCIA REMOTA SOBRE A DOENÇA DA FERRUGEM DO MILHO *(Puccinia sorghi)* **As imagens de teledeteção obtidas por drones, aviões ou satélites podem ser utilizadas para avaliar o desenvolvimento da doença da ferrugem do milho no campo sem a necessidade de efetuar um "método de reconhecimento" convencional que tem sido utilizado pelos agrónomos há anos. Para os produtores de milho em África, a maioria dos quais são pequenos agricultores, a ferrugem do milho é um dos maiores problemas e é inevitável, uma vez que pode destruir toda a cultura se não for controlada de forma cuidadosa e agressiva.**

A tecnologia RS melhora a monitorização do desenvolvimento de pústulas circulares a alongadas que se encontram espalhadas por ambas as superfícies das folhas nas fases iniciais da infeção. As pústulas castanhas e pulverulentas contêm massas de esporos (uredósporos) que podem aparecer em todas as partes da planta acima do solo. O aspeto geral da planta pode determinar o estado da planta e a extensão da infeção causada pela doença.

Um drone é bastante acessível para alguns agricultores africanos e pode dar um contributo importante para práticas agronómicas sólidas, aumentando o rendimento por unidade de área de uma exploração agrícola e, consequentemente, garantindo a segurança alimentar no mundo.

3.0 DOENÇA DA FERRUGEM DO MILHO

3.1 IDENTIFICAÇÃO DA DOENÇA

A ferrugem do milho (*Puccinia sorghi*) é uma doença fúngica caracterizada por pústulas circulares a alongadas que aparecem dispersas em ambas as superfícies das folhas nas fases iniciais da infeção. As pústulas castanhas e pulverulentas contêm massas de esporos (uredósporos), que podem aparecer em todas as partes da planta acima do solo, mas causam principalmente infecções nas folhas. Com o tempo, as pústulas tendem a abrir-se e a expor os esporos, que são espalhados pelo vento para causar novas infecções. A doença é causada por um fungo chamado *Puccinia sorghi*.

Figura 3.1 Pústulas pulverulentas e castanhas

À medida que o milho se aproxima da maturidade, a cor dos esporos nas pústulas muda de avermelhada para preta, devido à formação de teliosporos (esporos dormentes). As infecções começam nas margens e na ponta das folhas, propagando-se depois para o interior do pecíolo. A doença é propagada pelo vento (portador) através do ar e depositada em novas áreas, levando a infecções noutras culturas de milho.

A infestação por fungos provoca uma coloração negra nas folhas, o que reduz a área fotossintética da planta, que por sua vez afecta a síntese de alimentos na planta, que por sua vez afecta a fisiologia da planta e consequentemente reduz os rendimentos.

3.2 DESCRIÇÃO DA DOENÇA DA FERRUGEM DO MILHO

A ferrugem comum é causada pelo fungo Puccinia sorghi e ocorre na maioria das regiões subtropicais, temperadas e montanhosas com elevada humidade. As epidemias de ferrugem comum podem causar perdas de rendimento consideráveis. Foram registadas perdas de rendimento superiores a 50 % sob forte pressão da doença.

3.3 SINTOMAS DA FERRUGEM DO MILHO

Circular a alongada (0,2 a 2 mm de comprimento), com pústulas castanhas escuras (uredinia) espalhadas por ambas as superfícies da folha, dando à folha um aspeto ferrugíneo. As pústulas podem aparecer em faixas circulares se a infeção tiver ocorrido no verticilo. As pústulas rompem a epiderme da folha e libertam esporos pulverulentos, castanho-avermelhados (urediósporos). Quando as pústulas amadurecem, libertam esporos negro-acastanhados (teliósporos), que são os esporos de invernada. Sob forte pressão da doença, as folhas podem tornar-se cloróticas e morrer prematuramente.

Figura 3.1 Libertação de uredósporos

3.4 CONFIRMAÇÃO DA DOENÇA

Os sintomas da ferrugem comum são muitas vezes difíceis de distinguir dos da ferrugem polissora. No entanto, há uma série de características distintivas subtis.

Aparecimento de pústulas em ambas as superfícies da folha.

As pústulas da ferrugem Polysora desenvolvem-se principalmente na parte superior das folhas.

As pústulas da ferrugem comum são geralmente alongadas e de cor vermelha a castanha. As pústulas da ferrugem Polysora são mais alaranjadas e circulares.

A ferrugem comum prefere temperaturas frescas, enquanto a ferrugem Polysora prefere temperaturas elevadas (acima de 24 °C). No entanto, ambas as doenças desenvolvem-se em condições húmidas.

3.5 PRINCIPAIS DIFERENÇAS ENTRE A FERRUGEM COMUM E A FERRUGEM POLISSORA DO MILHO.

	Common rust	Polysora rust
Causal agent	*Puccinia sorghi*	*Puccinia polysora*
Pustule appearance	Elongated, scattered over the leaf	Circular, evenly distributed over leaf
Pustule color	Dark red / brownish	Orangish
Pustule location	Both upper and lower surface of leaves. Generally only found on leaves.	Predominantly upper leaf surfaces. Also found on stems and husks.
Optimum environment	Cool and humid conditions	Warm and humid conditions (above 24^0C).
Distribution	Subtropical and temperate regions.	Tropical and subtropical regions. Occasionally in temperate regions if the temperatures are high enough.

Figura 3.1 As diferenças entre as grelhas normais e as grelhas Polysora no milho

3.6 CICLO DE VIDA DA DOENÇA DA FERRUGEM DO MILHO

O ciclo de vida de P. sorghi compreende dois hospedeiros (milho e espécies de Oxalis) e cinco fases de esporos (teliosporos, basidiósporos, espermátides, aeciosporos e urediósporos).

Os urediósporos podem hibernar em regiões tropicais ou subtropicais e servir como principal fonte de inóculo nas estações seguintes. São dispersos pelo vento a longas distâncias (centenas de quilómetros) e propagam-se frequentemente das regiões tropicais/subtropicais para as regiões temperadas na primavera e no verão, quando o milho é cultivado. A fase sexual do ciclo de vida ocorre predominantemente nas regiões tropicais e subtropicais. Os teliosporos não podem hibernar na maioria das regiões temperadas.

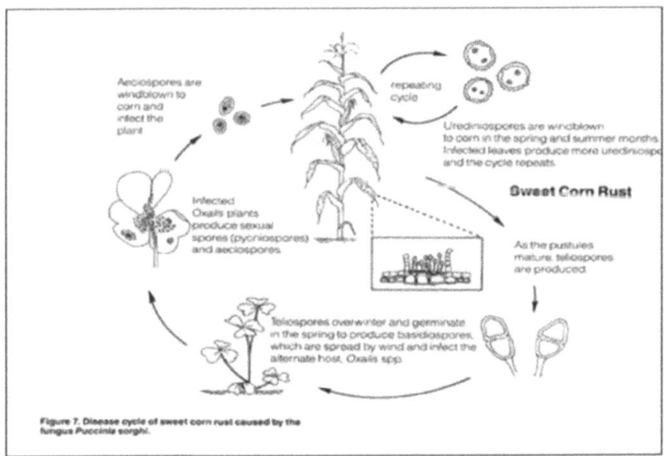

Figura 3.2 Ciclo de vida da doença da ferrugem do milho

3.7 ESPECTRO DA DOENÇA NO HOSPEDEIRO

Tal como a maioria dos agentes patogénicos da ferrugem, P. sorghi tem um ciclo de vida complexo e necessita de dois hospedeiros não relacionados para completar o seu ciclo de vida. As fases assexuadas do ciclo de vida são geralmente completadas no milho, enquanto a fase sexual é completada em ervas daninhas como as espécies de Oxalis (azeda da madeira). Normalmente, a fase sexual só se completa em regiões tropicais, onde os esporos assexuais (uredósporos) são dispersos pelo vento a partir de regiões temperadas durante a estação de crescimento.

3.8 MEDIDAS DE LUTA CONTRA A FERRUGEM COMUM NOS CAMPOS DE MILHO

(a) Lavoura profunda de resíduos de culturas,

Isto ajuda a minimizar a propagação da doença, limitando a propagação da doença e bloqueando o ciclo de vida do agente patogénico, impedindo o seu sucesso na fase seguinte.

(b) Destruir a erva daninha Oxalis sp. (um hospedeiro alternativo),

Desfolhar a erva daninha Oxalis spp, que serve como um antigo hospedeiro para os fungos. As imagens captadas pelo drone e as suas assinaturas espectrais serão diferentes das da planta do milho. Embora as ervas daninhas devam ser controladas para reduzir o seu impacto no rendimento e na qualidade das culturas, no caso da ferrugem do milho, as ervas daninhas devem ser destruídas com base nas assinaturas espectrais das imagens captadas para eliminar os alojamentos do agente patogénico.

(c) Aplicar o fungicida atempadamente quando aparecerem as primeiras pústulas nas folhas,

Um drone voa com um sensor multiespectral que pode reconhecer a vitalidade e a densidade das plantas de milho. Os fungicidas devem ser aplicados às plantas afectadas com base nas imagens registadas, a fim de controlar as estirpes da doença na exploração agrícola.

(d) Destruição da maior parte das plantas afectadas,

Isto ajudará a minimizar o número de estirpes de fungos e, assim, evitar a propagação da doença, limitando a propagação da doença e bloqueando o ciclo de vida do agente patogénico, impedindo o seu sucesso na geração seguinte e no inverno. Um drone voa com um sensor multiespectral capaz de detetar luz infravermelha, que fornece informações sobre o estado de saúde e a densidade das plantas de milho. As culturas infestadas devem ser destruídas com base nas imagens captadas, a fim de eliminar as estirpes da doença no campo.

(e) Cultivar variedades de maturação precoce que possam limitar os ciclos de doenças secundárias e evitar períodos de forte pressão de doenças mais tarde na estação

(f) Utilização de variedades de milho resistentes,

O controlo biológico através da criação de animais resistentes ou tolerantes às doenças é a única medida economicamente viável. As doenças não podem ser controladas economicamente com agentes químicos.

3.9 IMPACTO DA DOENÇA DA FERRUGEM DO MILHO EM ÁFRICA: UM ESTUDO DE CASO NA TANZÂNIA

O milho (*Zea mays*) é o principal cereal e alimento de base na Tanzânia. O consumo anual per capita de milho na Tanzânia é de 112,5 kg, enquanto o consumo nacional de milho está estimado em três milhões de toneladas por ano.

O milho é cultivado em todas as regiões da Tanzânia. É cultivado numa média de dois milhões de hectares, o que representa cerca de 45% da área cultivada na Tanzânia. No entanto, a maior parte do milho é produzida nas Terras Altas do Sul (46%), na Zona dos Lagos e na Zona Norte. Dar-es-Salaam, Lindi, Singida, Coast e Kigoma são regiões com um défice de milho.

Para os produtores de milho das terras altas do sul da Tanzânia, a maioria dos quais são pequenos agricultores, a ferrugem do milho é um dos maiores problemas e é inevitável, pois arruína toda a colheita se não for controlada agressivamente. A maioria dos agricultores cultiva o milho como um importante alimento básico e uma cultura de rendimento. A ferrugem do milho tem importância económica, uma vez que provoca perdas de rendimento de cerca de 50%.

Dado que a maior parte do milho é produzida nas terras altas do sul (46%), as terras altas do sul constituem o cabaz de mercadorias do país. Este revés conduz, portanto, a uma insuficiência alimentar no país e, consequentemente, a um abrandamento do desenvolvimento económico do país.

4.0 FUNCIONAMENTO DO DRONE E MECANISMOS EM

FUNCIONAMENTO

4.1 MECANISMO DA TECNOLOGIA DOS DRONES NA AGRICULTURA

Para os grandes e médios agricultores, ou seja, para os agricultores com mais de 10 hectares de terra, é quase impossível efetuar diariamente um controlo agronómico convencional. Esta impossibilidade deve-se à densidade das culturas. No entanto, com um pequeno protótipo de drone, é possível combater a ferrugem.

Figura 4.1 Vista aérea com uma câmara de drone a cores

O protótipo de drone é lançado sobre a quinta utilizando um programa de piloto automático para o levar a coordenadas específicas. Está também equipado com sensores, como uma câmara de infravermelhos que capta imagens multiespectrais da exploração agrícola. Um programa de computador processa os comprimentos de onda dos pixéis individuais e permite determinar com precisão as cores e as temperaturas - e localizar a ferrugem do milho.

Com a ajuda de câmaras de infravermelhos e de cor, é possível detetar a ocorrência de doenças com base nas alterações de cor das plantas. A informação do protótipo do drone é utilizada como base para várias decisões agronómicas, em particular para a questão de saber onde devem ser tomadas medidas imediatas para proteger as plantas de milho.

4.2 PROTÓTIPO DE DRONE PARA CONTROLO DA FERRUGEM EM CAMPOS DE MILHO

Equipados com um potente sistema de posicionamento global (GPS) em combinação com o sistema de controlo de atitude (ACS) e com a ajuda de um programa de piloto automático, formam um sistema que facilita a operação do drone. O GPS de alto desempenho aumenta a estabilidade e o controlo direcional do drone, o que aumenta a sua segurança e precisão. O protótipo do drone deve ser equipado com um sistema único de suporte de controlo que executa os movimentos controlados por computador para alcançar a máxima estabilidade de voo.

O sistema único de apoio ao controlo (UCSS) permite mecanismos simples e precisos de pairar para controlar o drone de modo a que este possa realizar operações altamente eficientes e eficazes em benefício do agricultor. O Sistema de Controlo de Altitude (ACS) monitoriza e mantém a altitude, a direção e a velocidade.

O drone será também equipado com sensores especializados, como sensores multi- e hiperespectrais, câmaras térmicas e scanners laser, para cartografar e monitorizar vários aspectos do campo com uma resolução ultra-elevada. O conceito centra-se na utilização do drone para fotografia aérea, a fim de monitorizar e gerir eficazmente os campos.

4.3 INSTALAÇÃO DO DRONE SOBRE CAMPOS DE MILHO

Os drones podem ser utilizados como um avião ou um satélite. Trata-se de um mini-satélite equipado com sensores necessários para estudar as condições agrícolas. A mesma ideia pode ser utilizada para controlar a ferrugem do milho nos campos, mas agora a um custo baixo e acessível para o agricultor. O principal objetivo é sobrevoar e mapear as explorações agrícolas, independentemente do grau de exuberância e densidade das culturas. O drone é controlado por um piloto de veículo aéreo não tripulado (UAV) e pode descolar e aterrar de forma independente. Pode voar até uma certa altura entre 50 e 100 metros acima do solo, depois o piloto automático assume o controlo e voa para pontos de referência GPS, pode voar entre 5 e 10 minutos e cobrir cerca de dois hectares nesse tempo. O principal objetivo é ajudar os agricultores, agrónomos e gestores agrícolas a compreender melhor a saúde das suas plantas de milho a partir de uma perspetiva aérea (uma perspetiva aérea).

4.4 MONITORIZAÇÃO DO ESTADO DA VEGETAÇÃO DO MILHO COM A AJUDA DE CÂMARAS TÉRMICAS E MULTIESPECTRAIS

O drone é utilizado para analisar o estado da vegetação com a ajuda de câmaras termográficas, multiespectrais e fixas fixadas no seu trem de aterragem. É colocado nos campos de milho com a ajuda de um piloto automático, onde voa até uma certa altura entre 50 e 100 metros acima do solo, depois o piloto automático assume o controlo e voa para pontos de referência GPS. Uma vez atingidas as coordenadas, o drone começa a tirar fotografias numa configuração determinada pelo agricultor.

As diferenças nas cores, texturas e formas das folhas, ou mesmo a forma como as folhas estão presas às plantas, determinam a quantidade de energia que é refletida, absorvida ou transmitida. A relação entre a energia reflectida, absorvida e transmitida é utilizada para determinar as assinaturas espectrais de cada planta. As assinaturas espectrais são únicas para cada espécie de planta. As imagens obtidas são utilizadas para identificar áreas de stress nos campos, determinando primeiro as assinaturas espectrais de plantas saudáveis. As assinaturas espectrais diferem das assinaturas espectrais das plantas saudáveis. Exemplo: Comparação das assinaturas espectrais de beterraba saudável e stressada. A beterraba com stress tem um valor de reflectância mais elevado na gama visível do espetro, de 400-700 nm. Este padrão é invertido na beterraba açucareira sujeita a stress na gama não visível de cerca de 750-1200 nm. O padrão visível repete-se na gama de reflectância mais elevada de cerca de 1300-2400 nm. A interpretação dos valores de reflectância em diferentes comprimentos de onda de energia pode ser utilizada para avaliar o estado de saúde das plantas. A comparação dos valores de reflectância em diferentes comprimentos de onda, conhecida como índice vegetativo, é normalmente utilizada para determinar o vigor das plantas. O índice vegetativo mais comum é o índice de diferença vegetativa normalizada (NDVI). O NDVI compara os valores de reflectância das regiões vermelha e NIR do espetro eletromagnético. O valor NDVI de cada área numa imagem ajuda a identificar áreas de crescimento vegetal diferente nos campos.

Exemplo: Comparação das assinaturas espectrais de beterraba sacarina saudável e sob stress. A beterraba com stress tem um valor de reflectância mais elevado na gama visível do espetro, de 400-700 nm. Este padrão é invertido na beterraba açucareira stressada na gama não visível de cerca de 750-1200 nm. O padrão visível repete-se na gama de reflectância mais elevada de cerca de 1300-2400 nm. A interpretação dos valores de reflectância em diferentes comprimentos de onda de energia pode ser utilizada para avaliar o estado de saúde das plantas. A comparação dos valores de reflectância em diferentes comprimentos de onda, conhecida como índice vegetativo, é normalmente utilizada para determinar o vigor das plantas. O índice vegetativo mais comum é o índice de diferença vegetativa normalizada (NDVI). O NDVI compara os valores de reflectância das regiões vermelha e NIR do espetro eletromagnético. O valor NDVI de cada área numa imagem ajuda a identificar áreas de crescimento vegetal diferente nos campos.

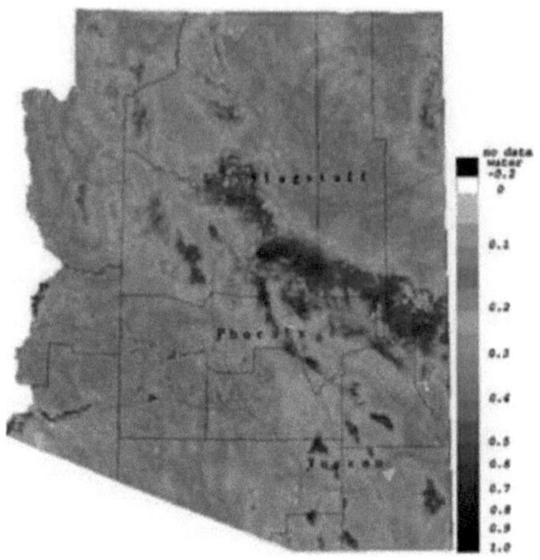

Figura 4.4 Uma imagem de drone que mostra o tipo, o estado e a densidade da vegetação

4.5 MONITORIZAÇÃO DO APARECIMENTO DE ERVAS DANINHAS DURANTE A OPERAÇÃO UTILIZANDO UMA CÂMARA TERMOGRÁFICA E MULTIESPECTRAL

As diferenças nas cores, texturas e formas das folhas, ou mesmo a forma como as folhas estão presas às plantas, determinam a quantidade de energia que é reflectida, absorvida ou transmitida. A relação entre a energia reflectida, absorvida e transmitida é utilizada para determinar as assinaturas espectrais de cada planta. As assinaturas espectrais são únicas para cada espécie de planta. As imagens obtidas podem ser utilizadas para reconhecer a presença de ervas daninhas nos campos. As assinaturas espectrais das plantas cultivadas diferem das das infestantes.

As imagens captadas pelo drone mostram assinaturas espectrais que diferem das das plantas de milho. As operações com drones utilizam sistemas aéreos não tripulados (UAS) e a integração de pequenos sensores para a deteção remota do ambiente e a fotografia aérea, com o drone a trabalhar em conjunto com outros componentes como um sistema. Os UAS e a integração de sensores especializados de observação da terra, tais como sensores multiespectrais e hiperespectrais, câmaras térmicas e scanners laser, são utilizados para captar e monitorizar vários aspectos das operações agrícolas em altíssima resolução. Um drone voa com um sensor multiespectral capaz de detetar luz infravermelha, que fornece informações sobre a densidade da cultura do milho. O drone pode voar entre 5 e 10 minutos e cobrir uma área de cerca de dois hectares de campos de milho nesse tempo, o que pode substituir o trabalho de três pessoas, num curto espaço de tempo e com muito mais precisão. Na Europa, os grandes agricultores alugam aviões equipados com câmaras e outros sensores para registar as condições dos campos. Para os pequenos agricultores em África, com uma área média cultivada de cerca de dois hectares, este método é bastante dispendioso.

Hoje, porém, estamos a falar de um sistema portátil de UAV que não custa mais de 3500 dólares. Os agricultores da Europa e da América do Norte estão a adotar esta tecnologia, mas nunca foi assim tão fácil porque ainda há muita investigação a fazer para integrar esta tecnologia nas explorações agrícolas. A tecnologia foi originalmente concebida para fins militares. A tecnologia permite que os pequenos agricultores em África aumentem os seus rendimentos através de uma avaliação precoce do estado das culturas e de respostas imediatas a baixo custo.

5.0 DESAFIOS NA INTRODUÇÃO DE TECNOLOGIAS DE AGRICULTURA DE PRECISÃO NA AGRICULTURA AFRICANA

5.1 OPORTUNIDADES PARA O SECTOR AGRÍCOLA AFRICANO

A agricultura tem sido rotulada como "o gigante adormecido de África". Um relatório do Banco Mundial com o mesmo nome argumenta que existem grandes oportunidades para os agricultores africanos, especialmente tendo em conta o aumento previsto a longo prazo da procura de produtos agrícolas nos mercados mundiais. Longe de ser uma região pobre e estéril, África tem grandes vantagens em termos de clima, terra, água, recursos naturais e humanos. A chave para despertar o "gigante adormecido" é a tecnologia moderna.

O crescimento contínuo da população e dos rendimentos, combinado com a urbanização crescente, sobretudo nos países em desenvolvimento, está a exercer pressão sobre o atual abastecimento alimentar mundial. Com o seu grande potencial natural, a África pode tornar-se um importante exportador de alimentos para outras regiões do mundo e experimentar um maior desenvolvimento económico através do comércio.

De facto, muitos especialistas vêem África como uma importante fonte de abastecimento e estabilidade futura para os mercados agrícolas alimentares e industriais, uma vez que possui vastos recursos de terras não cultivadas e os potenciais ganhos de produtividade não estão a ser realizados. O valor do agronegócio africano poderá atingir cerca de 1 000 mil milhões de dólares (1 bilião de dólares) até 2030, desde que as infra-estruturas e os sistemas de irrigação sejam melhorados, as técnicas agrícolas sejam intensificadas, as tecnologias agrícolas sejam modernizadas e se consiga uma maior estabilidade política e económica. Prevê-se que as técnicas avançadas de agricultura de precisão (AP) que utilizam o GNSS desempenhem um papel importante no aumento da produtividade em África.

5.2 DESAFIOS PARA A AGRICULTURA AFRICANA NA ADAPTAÇÃO ÀS ALTERAÇÕES CLIMÁTICAS

E TECNOLOGIA GIS

Em geral, a indústria agrícola em África está subdesenvolvida, com exceção de alguns países que utilizam a tecnologia de AP, por exemplo, a África do Sul e os países do Norte de África. Na África do Sul, os produtores de trigo utilizam o GPS para o controlo automático dos tractores e para a aplicação variável de cal, pesticidas e fertilizantes.

Os principais problemas e limitações da utilização da AP e, consequentemente, do GNSS na agricultura africana são os seguintes

Base de recursos reduzida,

Os agricultores não dispõem de rendimento disponível suficiente para investir em equipamento agrícola moderno de precisão e noutras tecnologias agrícolas avançadas.

Fragmentação de terras,

A maioria dos agricultores pratica uma agricultura de subsistência em pequena escala, o que leva à fragmentação das terras. Consequentemente, os investimentos em tecnologias GNSS e GIS não são economicamente viáveis. Por exemplo, estima-se que 80% de todas as explorações agrícolas na África Subsariana têm menos de 2 ha. O fenómeno da fragmentação das terras é exacerbado quando as explorações familiares são herdadas por vários membros da família após a morte do proprietário.

Low Mecanização das técnicas agrícolas,

Na prática, isto significa que, na maioria dos países, não existem tractores suficientes que possam ser equipados com

GNSS. A diferença de mecanização entre a África do Norte e a África Subsariana é muito acentuada, com uma média de 143 tractores por 100 quilómetros quadrados no Norte de África e apenas 15 tractores por 100 quilómetros quadrados na África Subsariana, valores que não sofreram alterações significativas ao longo dos anos.

J Falta de acesso a serviços financeiros e ao crédito,

A maioria dos agricultores africanos não possui contabilidade, o que dificulta o acesso ao crédito. Consequentemente, os investimentos produtivos são prejudicados pela falta de financiamento para algumas partes da cadeia de valor.

5.3 OPORTUNIDADES PARA A GNSS EM ÁFRICA

Prevê-se que a introdução do GNSS em África se faça através da expansão do EGNOS a partir da Europa. Atualmente, os três satélites EGNOS cobrem totalmente os dois continentes e as estações terrestres estão localizadas na Europa e no Norte de África. Por conseguinte, o EGNOS poderia alargar os seus serviços a África adaptando o sistema atual e estabelecendo estações terrestres ligadas à rede europeia ou a um SBAS africano equivalente.

Na África do Sul, por exemplo, os agricultores já equiparam os seus tractores com equipamento de precisão equipado com o EGNOS, e espera-se que a futura expansão do EGNOS para África conduza a um aumento significativo da utilização de tecnologias de AP. Nos países vizinhos da África do Sul, os governos estão a disponibilizar vastas áreas de terra para os agricultores sul-africanos cultivarem. Consequentemente, as empresas sul-africanas estão a começar a cultivar cana-de-açúcar e milho em grandes explorações agrícolas comerciais, que representam novos mercados ideais para a aplicação de tecnologias PA-GNSS.

Existe também um grande potencial em instrumentos de AP relativamente simples (no contexto da Europa e da América do Norte).

5.4 A UTILIZAÇÃO DE DISPOSITIVOS PORTÁTEIS NA AGRICULTURA

A difusão dos smartphones está a crescer em África. Atualmente, são utilizados para realizar várias actividades que, de outra forma, estariam limitadas pela falta de infra-estruturas (por exemplo, transacções financeiras, pagamentos em linha). Atualmente, a África está muito avançada em comparação com outras partes do mundo no que diz respeito à transferência eletrónica de dinheiro através de smartphones, com a Tanzânia e o Quénia a liderarem o processo. Se seguirmos o mesmo caminho, podemos também introduzir a agricultura de precisão e as aplicações GNSS para despertar o gigante adormecido.

Outra forma de promover a introdução do GNSS em África sem equipar os tractores ou as máquinas com receptores é utilizar dispositivos portáteis. Em combinação com mapas de produtividade e a geo-informação correspondente, os dispositivos portáteis poderiam aumentar significativamente a produtividade das explorações agrícolas africanas. Por exemplo, os agricultores poderiam receber mapas de rendimento médio nos seus smartphones ou tablets através da Internet e utilizá-los como directrizes para a aplicação de fertilizantes e pesticidas, o que lhes permitiria abandonar as estimativas grosseiras, poupar custos e melhorar as suas margens de lucro.

Embora o aumento da utilização do GNSS deva melhorar a produtividade da agricultura africana, são necessárias medidas adicionais para garantir a criação de um ambiente propício para que os pequenos agricultores invistam em sistemas de sonicação e reduzam os seus riscos. Os governos, as organizações não governamentais e os investidores devem ser incentivados a concentrar a sua atenção e os seus recursos neste domínio:

Desenvolvimento de uma forte associação de cooperativas agrícolas,

Apoiar a formação de cooperativas de agricultores e a transição para a agricultura como atividade económica, facilitando a participação dos pequenos agricultores em cadeias de abastecimento mais integradas, que se caracterizam geralmente por rendimentos mais elevados e riscos mais baixos.

Transmitir conhecimentos financeiros,

Isto facilitará o acesso dos agricultores aos mercados e ao crédito e mostrar-lhes-á quais as partes da cadeia de valor que devem ser adequadamente financiadas, a fim de aumentar os rendimentos por unidade de superfície.

Construção de instalações de armazenamento e de unidades de transformação adequadas para os agricultores,

Boas instalações de armazenamento e unidades de transformação ajudam a minimizar as perdas pós-colheita. Na Tanzânia, por exemplo, apenas 10% da fruta e dos produtos hortícolas são atualmente transformados, sendo o resto perdido como perdas pós-colheita. Estabilizar os mercados e reduzir a volatilidade dos preços e o custo dos factores de produção e do equipamento agrícola.

Investimentos em investigação e desenvolvimento agrícola em centros de investigação e universidades africanas.

Concessão de empréstimos agrícolas, que devem incluir factores de produção, ferramentas e activos líquidos a taxas de juro baixas. Os empréstimos também devem ser disponibilizados a todos os membros da sociedade que tenham interesse na agricultura, sem excepções. Atualmente, o FINTRAC está a fazer um bom trabalho através da USAID, mas é necessário que outros contratantes e doadores intervenham.

6.0 O FUTURO DA TECNOLOGIA DOS DRONES E AS QUESTÕES RELATIVAS À PROTECÇÃO DE DADOS

6.1 SISTEMAS DE VEÍCULOS AÉREOS NÃO TRIPULADOS (UAVS) E PROTECÇÃO DE DADOS

Têm surgido muitas notícias negativas sobre o facto de os drones serem perigosos e violarem a privacidade. A utilização de tecnologias de drones levanta uma vasta gama de questões relacionadas com a recolha, armazenamento, utilização, divulgação e eventual destruição segura de dados pessoais. O potencial para abusos institucionais ou outros decorrentes da utilização inadequada destas tecnologias sugere a necessidade de salvaguardas adaptadas para evitar a invasão da privacidade e da liberdade. Independentemente de os UAV equipados com sensores serem utilizados por agências governamentais, organizações comerciais ou pequenos particulares, ou de os modelos de aeronaves serem utilizados por particulares para fins recreativos, é necessário abordar as questões da proteção de dados. Os UAV colocam desafios particulares à proteção de dados devido à forma como podem recolher informação. Embora alguns dos sensores a bordo dos UAV sejam comuns no mercado da eletrónica de consumo, a utilização de UAV difere de outras câmaras de videovigilância e dos dados recolhidos através de telemóveis, devido à sua capacidade de recolher informações de forma dinâmica a partir de pontos de vista únicos. Em vez de limitar o desenvolvimento do sistema à conformidade com a privacidade, as organizações devem ter uma abordagem proactiva para desenvolver e operar um programa de UAV que respeite a privacidade. Isto irá garantir que o projeto proposto e a operação do sistema UAV limitam as intrusões de privacidade, se houver, ao que é absolutamente necessário para atingir os objectivos legais exigidos.

6.2 SISTEMAS DE VEÍCULOS AÉREOS NÃO TRIPULADOS (UAVS) - O FUTURO

Para assegurar a política de proteção de dados e o futuro dos drones, vale a pena analisar os desenvolvimentos recentes, começando pelo contexto dos EUA e do Japão, que parecem ter reguladores mais prestáveis do que alguns outros países.

No Japão, os UAVS são regulados pela Associação Japonesa de Aviação Agrícola (JAAA), que considera o sistema como equipamento agrícola e é certificado como tal para garantir a fiabilidade da operação. A associação estipula que a distância entre o veículo não tripulado e o seu operador não deve exceder os 150 metros.

No entanto, a regulamentação atual no Reino Unido estabelece que o UAV deve permanecer à vista do operador. Isto anula completamente a vantagem económica da utilização de UAV e impede a utilização desta utilização como um "bloco de construção" para futuras aplicações de UAS.

É perfeitamente compreensível a preocupação do público com a perspetiva de aeronaves não tripuladas que voam no céu e que podem embater em pessoas e bens ou colidir com outras aeronaves. É necessário que existam regulamentos para evitar a utilização imprudente e irreflectida de sistemas não fiáveis e sem capacidade de voo que custam vidas e causam danos materiais. Isto é do interesse dos fabricantes e utilizadores responsáveis de UAS que desejam ver crescer a confiança do público na utilização responsável de sistemas bem concebidos para benefício económico e ambiental de todos.

6.3 CONCLUSÕES E RECOMENDAÇÕES

6.3.1 CONCLUSÃO

O principal objetivo é ajudar os agricultores, especialmente os pequenos agricultores em África, a serem competitivos no mercado em termos de produtos necessários, qualidade e quantidade. Isto permitir-lhes-á contrariar as mudanças no mercado, as mudanças nos sistemas de subsídios, a degradação ambiental, o esgotamento da fertilidade dos solos e as alterações climáticas.

6.3.2 RECOMENDAÇÕES

Um dos principais obstáculos ao aumento dos rendimentos agrícolas em África é o esgotamento da fertilidade do solo resultante de anos de atividade agrícola contínua sem reposição dos nutrientes absorvidos.

Se for sincronizada com outras actividades, como a formação de associações, grupos e cooperativas de agricultores, de modo a que sejam partilhados equipamentos e ferramentas, como maquinaria, mão de obra e profissionais especialmente formados, como extensionistas, agrónomos, engenheiros, etc. A tecnologia pode ajudar a garantir a segurança alimentar no mundo, transformando os pequenos agricultores de mão a boca em agricultores desenvolvidos com produção excedentária.

Enquanto actores-chave na agricultura, os pequenos agricultores devem ter uma perspetiva que tenha em conta a evolução das condições e das necessidades. Isto permitir-lhes-á responder de forma flexível a outras novas tecnologias, tais como os organismos geneticamente modificados (OGM), a gestão integrada das pragas (IPM) Agricultura biológica (OM) e agricultura de precisão (P.A.).

Para garantir o êxito da agricultura de precisão na agricultura, é necessário o envolvimento de várias partes interessadas. Estas incluem o governo através do Ministério da Agricultura, a segurança alimentar e as cooperativas que fornecem subsídios, formação e peritos, bem como os agricultores individuais que devem ter um sentido de desenvolvimento e uma revolução agrícola para o futuro global. Deve existir uma cadeia completa e contínua, desde o nível nacional até ao agricultor individual, para atingir os objectivos de uma agricultura bem sucedida.

REFERÊNCIAS

Adamchuk, V.I., Perk, R.L., & Schepers, J.S. (2003). Aplicações da deteção remota na gestão específica do local. Publicação da Extensão Cooperativa da Universidade de Nebraska EC 03-702.

Bauer, M.E. (1985). Spectral inputs to crop identification and condition assessment. Actas do IEEE, 73, n.º 6, 1985, 1081.

Publicações da Future Farm:

Visões e recomendações para a gestão do conhecimento, D 1.2.3

Requisitos funcionais para o sistema de informação derivado, D3.5

Estratégias de gestão, D4.1.4

Primeira avaliação tecnológica da perceção dos agricultores sobre os sistemas agrícolas de informação intensiva e os requisitos legais, D5.2

Relatório sobre a estrutura de custos e a rentabilidade económica de sistemas seleccionados de agricultura de precisão, D5.4

Impacto ambiental com indicadores ambientais - com agricultura de precisão e sistemas de transporte controlados, D5.6

Avaliação tecnológica de sistemas de gestão de PF e de informação em ambientes naturais abertos, D5.7

Impactos socioeconómicos da adoção generalizada da agricultura de precisão e de sistemas de transporte controlados, D5.8

Uma tipologia das tecnologias PF adequadas para explorações agrícolas nos países da UE, D7.1

Tipologia das explorações agrícolas e regiões nos países da UE - Avaliação do impacto das tecnologias de agricultura de precisão nas explorações agrícolas da UE, D7.3

Análises das principais conclusões da FutureFarm sobre procedimentos, protocolos e impacto nas partes interessadas da exploração agrícola, D7.5

Métodos e procedimentos para a recolha e gestão automáticas de dados recolhidos por sensores em linha, D7.6

GSA, EGNOS para a agricultura - Alta precisão, rentável, brochura

GSA, EGNOS - Becoming the Preferred GNSS Technology in European Agriculture, Apresentação Hatfield, J.L. & Pinter, P.J.Jr. (1993). Remote Sensing for Crop Protection (Publicação nº 0261- 2194/93/06/ 0414-09). Ames, IA: USDA - Serviço de Investigação Agrícola.

Atualização das TIC - Agricultura de Precisão, Número 30, janeiro de 2006 Jackson, R.D., & Huete, A.R. (1991). Interpretação de índices de vegetação. Medicina Veterinária Preventiva, 11, 185-200.

Karel Charvat (WR-INFO), Pavel Gnip (WR-INFO), Spyros Fountas (CERETETH), Karin Zieger (WIMEX), Walter Mayer (PROGIS), Soren Marcus Pedersen (UCPH), Claus Sorensen (AU), (2009) : Integração de sistemas de informação de gestão agrícola para apoiar as decisões de gestão em tempo real e o cumprimento das normas de gestão, Projeto n.º 212117, acrónimo do projeto: future farm.

Kimaro, D.N (2008): Introduction to Remote Sensing and GIS for land resources assessment compendium, Universidade de Agricultura de Sokoine, Faculdade de Agricultura, Departamento de Engenharia Agricola e Planeamento Territorial

Kyllo, K. P. (2003). NASA-funded research on agricultural remote sensing, Departamento de Estudos Espaciais, Universidade de Dakota do Norte.

Katinila, N., H. Verkuijl, W. Mwangi, P. Anandajayasekeram, e A.J. Moshi. (1998) Adoption of Maize Production Technologies in Southern Tanzania. México, D.F.: Centro Internacional de Melhoramento do Milho e do Trigo (CIMMYT), República Unida da Tanzânia e Centro de Cooperação para a Investigação Agrícola da África Austral (SACCAR).

Moran, M.S., Inoue, Y., & Barnes, E.M. (1997). Oportunidades e limitações da deteção remota baseada em imagens na agricultura de precisão. Remote Sensing of Environment, 61, 319-346.

National Academy of Sciences (1997) Precision Agriculture in the 21st Century (Agricultura de precisão no século XXI).

Barrientos, A., Colorado, J., Cerro, J. d., Martinez, A., Rossi, C., Sanz, D., e Valente, J. Deteção remota aérea na agricultura; uma abordagem prática à cobertura de áreas e ao planeamento de trajectórias para frotas de mini-robôs aéreos. Journal of Field Robotics 28, 5 (2011), 667-689.

Reg Austin *Aeronautical Consultant,* (2010) Unmanned Aircraft Systems UAVS design, development and deployment. Uma publicação de John Wiley and Sons, Ltd. ISBN 9780470058190 (H/B) In 9/11pt Times by Aptara Inc. in New Delhi, India Printed and bound in the UK by CPI Antony Rowe, Chippenham, Wiltshire, UK

R. Bongiovanni & J. Lowenberg-Deboer, (2004) Precision Agriculture and Sustainability Tamme van der Wal, (2010) High Precision Applications in Agriculture, Apresentação.

Werner et al, (2005) Fulfilling economic and ecological requirements in crop production with information-driven technologies in land use - precision farming as a keystone for integrated land and water management.

Índice

Printed by Books on Demand GmbH, Norderstedt / Germany